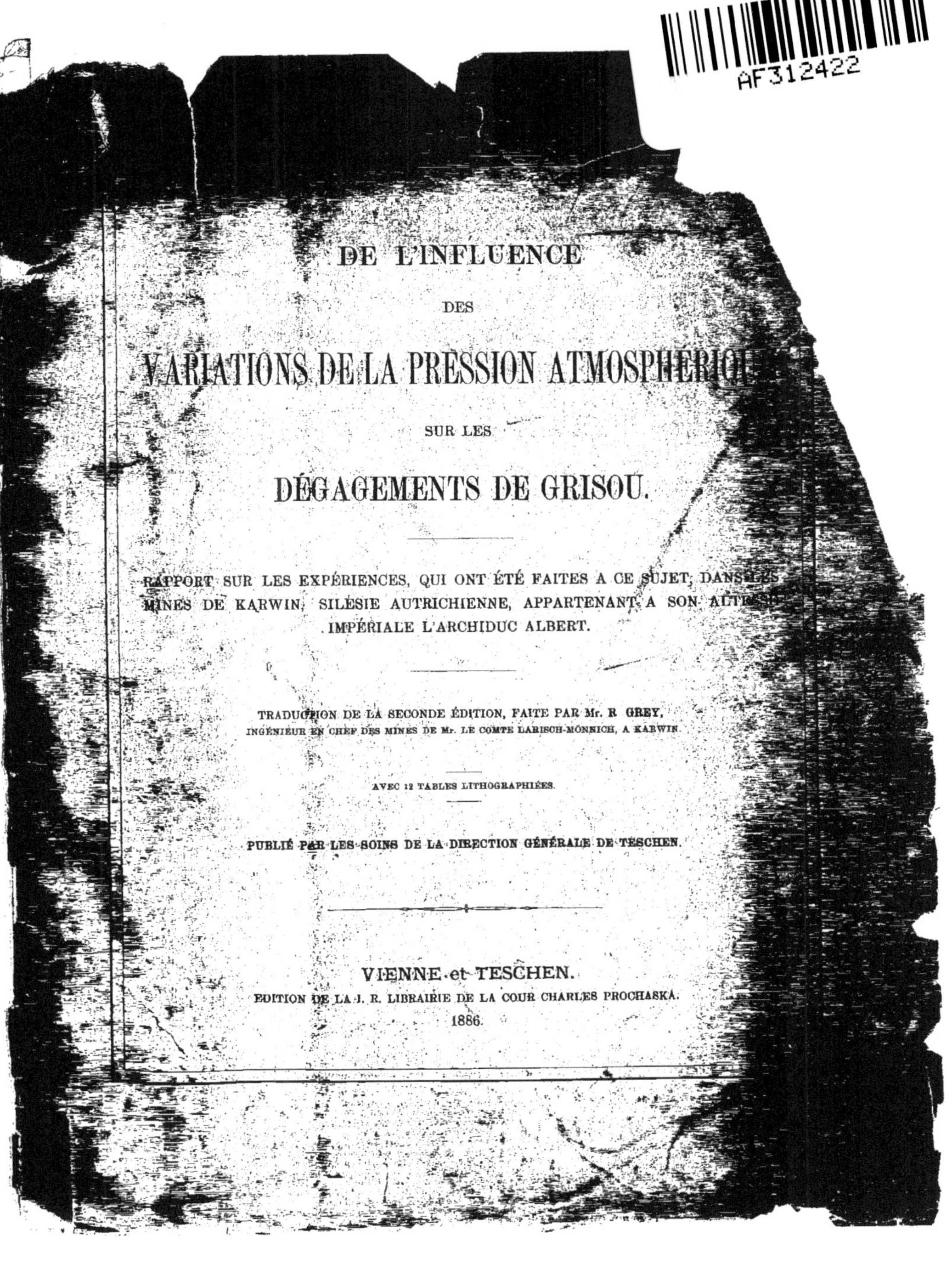

DE L'INFLUENCE

DES

VARIATIONS DE LA PRESSION ATMOSPHÉRIQUE

SUR LES

DÉGAGEMENTS DE GRISOU.

RAPPORT SUR LES EXPÉRIENCES, QUI ONT ÉTÉ FAITES A CE SUJET, DANS LES MINES DE KARWIN, SILÉSIE AUTRICHIENNE, APPARTENANT A SON ALTESSE IMPÉRIALE L'ARCHIDUC ALBERT.

TRADUCTION DE LA SECONDE ÉDITION, FAITE PAR Mr. R GREY,
INGÉNIEUR EN CHEF DES MINES DE Mr. LE COMTE LARISCH-MÖNNICH, A KARWIN.

AVEC 12 TABLES LITHOGRAPHIÉES.

PUBLIÉ PAR LES SOINS DE LA DIRECTION GÉNÉRALE DE TESCHEN.

VIENNE et TESCHEN.
ÉDITION DE LA J. R. LIBRAIRIE DE LA COUR CHARLES PROCHASKA.
1886.

DE L'INFLUENCE

DES

VARIATIONS DE LA PRESSION ATMOSPHÉRIQUE

SUR LES

DÉGAGEMENTS DE GRISOU.

RAPPORT SUR LES EXPÉRIENCES, QUI ONT ÉTÉ FAITES A CE SUJET, DANS LES MINES DE KARWIN, SILÉSIE AUTRICHIENNE, APPARTENANT A SON ALTESSE IMPÉRIALE L'ARCHIDUC ALBERT.

TRADUCTION DE LA SECONDE ÉDITION, FAITE PAR Mr. R GREY,
INGÉNIEUR EN CHEF DES MINES DE Mr. LE COMTE LARISCH-MÖNNICH, A KARWIN.

AVEC 12 TABLES LITHOGRAPHIÉES.

PUBLIÉ PAR LES SOINS DE LA DIRECTION GÉNÉRALE DE TESCHEN.

VIENNE et TESCHEN.
EDITION DE LA I. R. LIBRAIRIE DE LA COUR CHARLES PROCHASKA.
1886.

Les divergences d'opinion qu'on remarque parmi les hommes compétents, relativement à l'influence que peut avoir la pression barométrique sur les dégagements de grisou, ont amené Monsieur le Chevalier de Walcher, Directeur-Général à Teschen, de Son Altesse Impériale et Royale l'Archiduc Albert, à combiner et à faire exécuter, dans la mine archiducale de Karwin, toute une série d'expériences sur cette intéressante question.

Sous la direction spéciale de Monsieur le Directeur-Général ont été désignés pour opérer ces recherches: M. Mrs. le Bergrath Guillaume Köhler, auteur de ce rapport; le Schichtmeister Edouard Pfohl, dirigeant la mine de Karwin; l'Ingénieur Chevalier de Mertens, chef du laboratoire de chimie de Trzynietz; et le forestier-adjoint Rodolphe Jankowsky, ce dernier étant spécialement chargé des travaux météorologiques.

D'aucuns nient absolument que les variations de la pression barométrique puissent avoir une influence importante sur les dégagements de gaz; d'autres réduisent cette influence aux gaz accumulés dans les remblais et autres vides de la mine, où ils n'ont qu'une faible pression; d'autres, enfin, affirment que les dégagements de gaz qui se produisent dans la houille fraîchement découverte, doivent être attribués, en grande partie, à cette influence.

C'est ainsi que la commission française du grisou, d'après le rapport de Haton de la Goupillière, (Annales des mines, livraison de Septembre-Octobre 1880), est arrivée à cette conclusion: que cette influence est tout au moins douteuse, et que, même dans le cas où elle se ferait un peu sentir, elle ne pourrait, selon toute apparence, agir sur les conditions de sécurité relative de la mine.

Au sujet de cette même question, il est dit dans le rapport final de la commission, que Mallard et Le Chatelier sont tombés d'accord sur ce point: que les variations du baromètre sont sans influence sur les dégagements de grisou se produisant dans les chantiers d'abattage, et que Linsday Wood a de nouveau, par des expériences directes, mis ce même fait hors de doute.

Mallard et Le Chatelier admettent la possibilité, bien que ce ne soit prouvé en aucune façon, qu'une baisse subite de la pression atmosphérique, permette aux gaz emprisonnés dans les vieux travaux de se répandre dans les parties de la mine immédiatement avoisinantes.

Mais la commission elle-même n'attribue qu'une importance très-secondaire à l'influence en question, dans le cas d'une baisse brusque de la pression barométrique. (Hasslacher, Zeitschrift für das Berg-, Hütten- und Salinenwesen en Prusse, année 1882, page 292.) —

Schondorff (Zeitschrift für das Berg-, Hütten- und Salinenwesen en Prusse, année 1876, page 114) — dans son remarquable traité: „Examen de l'air sortant des mines du bassin de la Saar“, ne se prononce que sur l'influence exercée par la pression atmosphérique sur les gaz contenus dans les vides de la mine (remblais).

Il considère néanmoins cette influence comme dangereuse, si ces vides, c'est-à-dire, ces vieux remblais, sont en communication, par des crevasses situées dans le terrain, avec des chantiers possédant une ventilation defectueuse.

Dans une [mine bien aérée, il ne voit aucun danger pouvant résulter de l'irruption du grisou dans un courant d'air frais.

L'inspecteur des mines anglais, Galloway, et quelques autres autorités anglaises compétentes, sont arrivés à un résultat complètement opposé à celui de la commission française du grisou.

Ils considèrent la pression atmosphérique comme n'étant pas, à la vérité, le seul facteur agissant pour favoriser les dégagements de grisou, mais pourtant, comme étant le plus important.

C'est à cette influence qu'il faut rattacher la prescription légale, faite en Angleterre, d'avoir à observer régulièrement, dans les mines à grisou, les variations barométriques, et de les représenter par une courbe graphique. (Rapport de la commission française du grisou.)

Nasse à également observé, (Zeitschrift für das Berg-, Hütten- und Salinenwesen en Prusse, année 1877, pages 277, 279), que la diminution de la pression atmosphérique favorise les dégagements de grisou.

La planche A nous montre une copie de la courbe qu'il a tracée avec le résultat de ses observations.

Les diverses recherches, en vue d'arriver à la solution de cette question, ont été, jusqu'à présent, effectuées de bien des manières.

On s'est borné, le plus souvent, à faire des observations de la hauteur barométrique, et à comparer les hauteurs trouvées avec l'état de l'aérage dans la mine, tel que cet état était mentionné par un surveillant.

D'autres ont étudié la question par une statistique des explosions survenues.

Galloway construisit une courbe des dépressions barométriques et la compara, chaque jour, avec le nombre des mines, situées dans les environs de Glasgow, dans lesquelles le grisou avait fait son apparition

Nasse observait, chaque jour, avec une lampe de sûreté, la quantité de gaz qui sortait à travers un barrage en maçonnerie, construit dans la mine, et à travers le charbon dans lequel ce barrage était encastré.

En même temps, il observait la hauteur de la colonne mercurielle d'un baromètre placé dans le voisinage du barrage.

Ce barrage servait à circonscrire un incendie de mine.

1.

CONDUITE DES EXPÉRIENCES DANS LE PUITS GABRIELLE DE LA MINE ARCHIDUCALE, A KARWIN.

A. GÉNÉRALITES.

Dans les recherches, qui ont été faites au puits Gabrielle de Karwin, on est parti de ce point de vue: qu'on arriverait aux résultats les plus sûrs en traduisant par des chiffres, obtenus à l'aide d'analyses chimiques, les fluctuations des dégagements de gaz, et en comparant les résultats ainsi obtenus aux données fournies par un baromètre enregistreur placé au fond de la mine.

Le champ d'exploitation du puits Gabrielle se partage en 2 circuits d'aérage.

De ces deux circuits, le premier a, comme puits d'entrée d'air, le puits d'extration Gabrielle, et comme orifice de sortie, le puits d'air principal, profond de 206 m, et situé à 500 m à l'Ouest du premier.

L'air du deuxième circuit descend par le compartiment des pompes du $2^{\text{ème}}$ puits Gabrielle, servant à l'épuisement parcourt les travaux d'exploitation, et remonte au jour, dans un compartiment du même puits, séparé de celui des pompes à l'aide d'une cloison maçonnée.

Sur le puits principal d'aérage se trouve un ventilateur Guibal de 12 m de diamètre, bâti depuis peu, et, comme réserve, un autre Guibal de plus ancienne date, ayant un diamètre de 7 m 04.

De ces deux ventilateurs, le dernier seul était en marche pendant la durée des expériences.

Le ventilateur placé sur le compartiment d'air du puits Gabrielle, également du système Guibal, a un diamètre de 5 m 69.

Pour entreprendre les expériences, on choisit tout d'abord, de ces deux courants d'air distincts, celui qui se dirige sur le puits principal d'aérage.

Plus tard, on utilisa également, comme champ d'expériences, la partie de la mine aérée par le compartiment des pompes du puits Gabrielle épuisement.

La durée de ces expériences est fixée à une année; mais cependant, les résultats déjà obtenus, après une courte période d'épreuves, ont paru si dignes de remarque, qu'on a pensé qu'il était inutile d'attendre la clôture des essais pour les publier. C'est pourquoi les résultats trouvés dans les six premières semaines d'épreuves ont été réunis dans un rapport qui fut imprimé et répandu, sous forme de brochure, dans les cercles d'hommes compétents.

Le vif intérêt que provoqua l'apparition de cette brochure, fut le motif de la publication d'une nouvelle édition du rapport primitif, édition qui comprend tout le faisceau des observations recueillies jusqu'à la fin de Décembre 1885.

B. OBSERVATIONS BAROMÉTRIQUES.

Les stations, pour les observations barométriques, furent installées sur les avis qu'on avait sollicités de l'observatoire central et impérial de météorologie, et qui furent octroyés de la manière la plus gracieuse.

Dans le voisinage du puits d'extraction Gabrielle, servant à l'entrée de l'air, et au 3ème étage, le plus profond, situé à 230 m sous terre, on plaça un barographe dans une caisse métallique, maçonnée dans le terrain, et, tous les deux jours, on releva la courbe que cet appareil avait tracée.

Cette même courbe, au moment de l'arrêt de l'appareil enregistreur du barographe, était ramenée à la hauteur fournie par le baromètre d'une deuxième station barométrique, installée à la surface, dans le bureau de lever des plans de la mine.

Dans ce but, chaque fois que la feuille de papier était retirée du barographe, on notait la température et l'état hygrométrique de l'air, une première fois dans la salle de lever de plans, une seconde fois dans le premier ou le second étage de la mine, et enfin, à l'endroit même où le barographe était fixé; en même temps que, d'après la hauteur de la colonne mercurielle du baromètre, on constatait l'état de la pression atmosphérique, après correction due à la différence de température.

Avec tous les documents ainsi réunis, on opérait la réduction.

Ces calculs sont aussi nécessaires pour s'assurer que la courbe ne contient aucune erreur résultant, soit de l'influence de l'humidité sur le papier, soit d'une inégalité dans l'épaisseur de cette même feuille de papier.

Toutes les manipulations nécessitées par le barographe se bornent à noter sur l'instrument, dans la mine, les dépressions des deux derniers jours écoulés, sans correction résultant du tracé des abscisses correspondantes à un intervalle de 2 heures; tous les documents ainsi recueillis étaient ensuite parfaitement coordonnés et rectifiés au jour, puis représentés par une courbe graphique.

Quant au baromètre à mercure, placé dans le bureau des plans de la mine, il était régulièrement observé à 7 heures du matin, à midi et à 7 heures du soir.

Cependant, dans les périodes où les dépressions barométriques subissaient des variations fortes et intéressantes, les observations avaient lieu encore à d'autres heures de jour et de nuit.

Les dépressions ainsi obtenues, furent aussi représentées graphiquement,, comme on l'avait fait pour celles que le barographe de la mine avait fournies.

C. PRISES D'ESSAI ET ANALYSES DE L'AIR DE LA MINE.

Comme lieu de prise d'essai, on choisit tout d'abord l'ouïe du ventilateur. Mais, parce que les prises d'air ainsi faites contenaient, entre autres gaz, ceux qui sortaient des remblais, on choisit, après 15 jours d'expériences de ce genre, pour second point de prise d'essai, la voie de fond de la veine Charles, au 3 ^{ème} étage, dans la partie Est de la mine, et à 230 m de profondeur; cette voie de fond ne communique nulle part avec des parties remblayées.

Comme unique branchement sur cette galerie, il n'existait, pendant les deux premiers mois d'essais, qu'un plan incliné, tracé sur 190 m de hauteur, avec une galerie parallèle pour la circulation des ouvriers.

L'air qui alimentait ces galeries descendait par le puits d'extraction Gabrielle, arrivait par le travers-bancs dans la galerie parallèle à la voie de fond de la couche Romain, et regagnait le même travers-bancs par cette dernière voie de fond.

De là, il suivait la parallèle à la voie de fond de la veine Charles, montait dans la voie de passage du plan incliné, redescendait dans celui-ci jusqu' à la parallèle, et gagnait ensuite la voie de fond de la veine Charles, dans laquelle se faisaient les prises d'essai. (Voir la planche F.)

Un changement dans ce courant d'air se produisit lorsque, le 24 Août 1885, la communication fut établie entre le plan incliné creusé dans la veine Charles et le travers-bancs d'exploitation qu'on avait poussé en partant de la veine Jean, immédiatement supérieure à la première.

L'air frais destiné à l'alimentation de la veine Charles fut alors pris au deuxième horizon, dans le compartiment des pompes du puits d'épuisement Gabrielle, par lequel descend le courant principal; on le fit descendre ensuite, jusqu'au troisième horizon, dans le plan incliné principal de la veine Jean, pour l'amener, par un plan incliné à traversbancs, jusqu' à la voie de fond de la veine Charles. (Voir la planche F.)

Au début, les prises d'essai étaient effectuées à l'aide de bouteilles en zinc, d'une contenance de 10 litres, que recommande Clement ¡Winkler, (analyse technique des gaz, page 21). Ces bouteilles, remplies d'eau, étaient transportées à l'endroit voulu, et là, en laissant écouler l'eau, elles se trouvaient remplies de l'air de la mine.

Mais, parce que ces essais devaient être fréquemment répétés, pour donner une idée générale exacte des dégagements de grisou dans la mine, et parce que diverses causes accidentelles, telles que: l'abattage du charbon, les variations que subit la ventilation par suite de l'ouverture et de la fermeture des portes d'aérage, etc., peuvent avoir facilement de l'influence sur eux, on préféra ne faire que des prises d'essai moyennes, telles, que ces différents inconvénients puissent se compenser réciproquement.

Ainsi, pour le puits d'air principal, on tint compte surtout de ce que la proportion de gaz contenue dans le courant de sortie d'air est susceptible de varier sous l'influence des inconvénients cités, et l'on fit des prises d'air d'une durée moyenne de 24 heures.

Dans la veine Charles au contraire, dont l'aérage n'est pas aussi susceptible de subir les mêmes influences, chaque prise d'essai n'eut tout d'abord qu'une durée de 4 à 6 heures. On avait de la sorte la possibilité de comparer les fluctuations de la pression atmosphérique, avec celles des dégagements de grisou, pour des périodes de temps plus courtes, et par suite, de montrer plus clairement les rapports qui existent entre elles.

Plus tard, on fit également ici des prises d'essai d'une durée de 24 heures.

Les prises d'essai étaient effectuées de la sorte: sur la proposition de Pieler, on employa des aspirateurs qui absorbaient un certain volume du courant de sortie d'air, soit dans l'ouïe du ventilateur, soit dans la voie de fond de la veine Charles, de sorte que, en analysant le volume d'air absorbé par l'aspirateur, pendant tout le temps qu'avait duré la prise d'essai, on avait une image exacte de la composition de l'air de la mine pendant le même temps.

La planche E montre les détails de construction des aspirateurs employés; ils ne diffèrent de l'aspirateur Pieler qu'en ce que leur construction permet le transvasement facile des gaz qu'ils contiennent dans les vases en zinc de Winkler.

Ils consistent en un récipient en tôle de zinc qui est partagé, par un deuxième fond, en deux compartiments d'égale capacité, lesquels sont tout d'abord entièrement remplis d'eau.

Le compartiment inférieur contient environ 110 litres d'eau, et sert à l'approvisionnement du mélange gazeux à analyser.

Il est en communication, par le robinet 6, avec un tuyau d'écoulement dont la pointe terminale est règlée de façon que l'écoulement de l'eau soit de 4 litres à l'heure, c'est-à-dire de 96 litres par 24 heures.

Au point le plus élevé de ce compartiment inférieur, s'embranche le tuyau d'aspiration qui se trouve, à l'aide du robinet 1, en communication avec un étroit tuyau de cuivre, lequel se prolonge, soit jusque dans l'ouïe du ventilateur, soit jusqu'à proximité du toit de la galerie, quand les appareils sont placés dans la mine.

Entre ce tuyau de cuivre et le robinet 1 se trouve encore un tube à boules qui permet de suivre l'entrée du mélange gazeux.

Vient-on à ouvrir les robinets 6 et 1, alors le compartiment inférieur s'emplit peu à peu du mélange gazeux à analyser.

Veut-on, après 24 heures, prendre de ce mélange pour en effectuer l'analyse? Alors, on ferme les robinets 1 et 6, on apporte, près de l'appareil, une bouteille d'essai, dont l'orifice supérieur s'adapte à une tubulure située entre les robinets 2 et 3, tandis que l'orifice inférieur est mis en communication avec le robinet 4, à l'aide d'un tuyau en caoutchouc.

En ouvrant les robinets 3 et 4, cette bouteille se remplit d'eau.

On ferme ensuite les robinets 3 et 4, le tuyau en caoutchouc, fixé à l'orifice inférieur de la bouteille, est amené dans un récipient placé en dessous, et les robinets 5 et 2 sont ouverts; alors, l'eau du compartiment supérieur de l'aspirateur comprime le gaz et le pousse dans la bouteille d'essai, jusqu' à ce qu'il fasse son apparition dans l'eau du seau placé en dessous.

On ferme alors la bouteille avec un bouchon en verre, et on la transporte au laboratoire.

Le gaz à analyser est renfermé dans la bouteille sous une pression assez élevée, ce qui est à désirer, afin de pouvoir contrôler la bonne fermeture de cette même bouteille. Lorsque cette dernière est éloignée de l'aspirateur, on laisse l'eau couler, par le robinet 5, dans le compartiment inférieur, jusqu' à ce qu' elle commence à sortir par le robinet 2; on ferme les robinets 5 et 2, on ouvre 6 et 1, et, par cela même, on met l'aspirateur en état de pouvoir fonctionner pour une nouvelle période de 24 heures.

L'analyse du gaz était faite, tout d'abord, d'après la recommandable méthode de Cl. Winkler (Analyses techniques, page 93).

D'après cette méthode, le gaz est amené d'abord dans une dissolution de potasse, afin d'être débarrassé de son acide carbonique; puis, on lui fait traverser un tube en verre, porté au rouge, et contenant de l'oxyde de cuivre; le résultat de la combustion est de l'acide carbonique et de l'eau. L'acide carboniqe formé est absorbé par une dissolution titrée de baryte, et l'excédant de baryte est ensuite mesuré à l'aide d'une solution d'acide oxalique en proportions déterminées. On détermine exactement, de la sorte, la quantité d'acide carbonique qui a été produite, et par suite, on peut calculer la quantité de grisou, qui lui a donné naissance.

Cette méthode donne des résultats très-exacts.

Mais afin de pouvoir analyser, en peu de temps, un grand nombre de prises d'essai, on utilisa, à partir du mois de Juillet 1885, un grisoumètre Coquillon-Schondorff, qui fut fourni par C. Heinz d'Aix-la-Chapelle. Cet instrument permet d'opérer sur une bien plus faible quantité de gaz, et conduit, par suite, rapidement au but. On prend, à l'aide d'une éprouvette graduée, 50 centimètres cubes de gaz, qu'on débarrasse de son acide carbonique en lui faisant traverser un flacon rempli d'une dissolution de potasse. De là, le gaz est amené sur une spirale, faite d'un fil mince de palladium, et portée au rouge à l'aide d'un courant électrique, où il se brûle en se transformant en eau et en acide carbonique. Ce dernier est de nouveau absorbé à l'aide de la potasse, et la vapeur d'eau se condense lorsque l'appareil est entièrement refroidi.

Maintenant, puisque 2 volumes de grisou forment, avec 4 volumes d'oxygène, 4 volumes de vapeur d'eau et 2 volumes d'acide carbonique, il ne reste plus qu'à diviser par 3 la diminution de volume résultant de la combustion opérée, pour avoir la teneur primitive en grisou.

Avant de faire, de cet instrument, un emploi fréquent, on compara souvent les résultats qu'on en obtenait, avec ceux fournis par la méthode Winkler. Lorsqu'on opère avec soin, il peut donner de très-bons résultats, comme on peut le voir par les chiffres contenus dans le tableau qu'on trouvera plus loin.

Afin d'élucider encore ce point, à savoir: si, dans la bouteille d'essai, le mélange gazeux était intime, ou bien s'il y avait séparation des éléments gazeux constituants, on analysa séparément les couches supérieures et les couches inférieures de gaz contenues dans une même bouteille. Ces expériences confirmèrent les faits avancés précédemment par la commission française du grisou, c'est-à-dire qu'il n'y avait, ni mélange en proportions inégales, ni séparation des éléments gazeux.

Moyenne des expériences	Vol. % de grisou	
	Résultats fournis par la méthode Winkler	Résultats trouvés avec le grisoumètre
sur l'air du puits d'air . . . . 27 Juin	2·51	2·53
» » . . . . 28 »	2·14	2·10
» » . . . . 29 »	2·11	2.10
» » . . . . 30 »	1·77	1·80
» de la veine Charles . . 27 »	2·43	2·40
» » . . . . 29 »	3·12	3·17
» » . . . . 30 »	3·46	3·33
» » . . . . 1 Juillet	2·65	2·53

2*

Une analyse faite sur une prise d'essai, en date du 15 Juin, donna en vol. % de grisou:

pour 2 litres pris à la partie supérieure de la bouteille 3 02
pour 3 litres pris à la partie inférieure de la bouteille . . . . 3·11

Pour un certain nombre d'analyses, on détermina également la teneur en acide carbonique. Mais on constata que, dans la plupart des cas, ce gaz n'existait qu'en très-faible proportion; une seule fois, dans de l'air provenant du courant de sortie, on trouva 0·4 % en volume.

Qu'il soit permis de faire remarquer ici, que l'air de la mine contient une proportion énorme de gaz, comparativement à celui des mines des autres bassins, et d'observer, en même temps, que les analyses faites sur l'air des autres mines, situées dans le bassin de Karwin, ont donné des résultats identiques.

Cette haute teneur en gaz est d'autant plus digne de remarque, que les mines du bassin de Karwin sont munies de ventilateurs très-puissants. Pour le puits Gabrielle, en particulier, le volume d'air, par tête d'ouvrier occupé, est d'environ 3 mètres cubes par minute. Dans certaines mines voisines, cette quantité d'air est encore plus élevée.

La diminution de la teneur moyenne en gaz, constatée dans l'air du puits principal de sortie, à partir de la fin du mois d'Août, a son explication dans plusieurs percements importants, qui ont été effectués dans les trois premières semaines de ce mois, et qui ont eu pour effet de raccourcir considérablement le parcours de l'air dans la mine.

D'un autre côté, le léger accroissement de la teneur en gaz, qui s'est manifesté en Novembre et en Décembre, a dû être occasionné parce que, dans ces mêmes mois, on a travaillé au percement d'une faille située dans le champ Ouest, et que de plus, à la même époque, la production et par suite, les surfaces de houille fraîchement mises à nu, étaient plus grandes.

II.

RÉSULTATS DES EXPÉRIENCES.

Les courbes barométriques obtenues pendant les deux premiers mois d'essais montrent (la planche B permet cette comparaison) que la courbe des dépressions barométriques, relevée à la surface, marche parallèlement à celle relevée au fond de la mine. Les petits écarts que l'on remarque résultent de ce que les observations barométriques faites au jour n'avaient lieu, en règle générale que 3 fois par 24 heures, tandis que le barographe placé au fond dessine une courbe continue, et indique, par suite, les variations barométriques qui peuvent survenir dans l'intervalle des observations faites au jour. Il se peut aussi que, par suite du frottement du crayon enregistreur sur le papier, la courbe tracée par le barographe n'indique pas exactement, en certains endroits, les variations réelles de la pression atmosphérique. En outre, on doit remarquer que dans la mine, la dépression barométrique doit être soumise à un grand nombre de petites oscillations résultant: soit d'un nombre inégal de tours du ventilateur, soit de l'ouverture ou de la fermeture réitérée des portes d'aérage, soit enfin d'autres cas inhérents à une mine en activité, et que ces oscillations ne laissent pas que d'influencer la marche du barographe. C'est à ces mêmes conditions de la dépression dans la mine qu'il faut attribuer ce fait: que, dans toutes les observations qui ont été faites, la pression atmosphérique, constatée au fond, s'est généralement trouvée plus faible que celle qui était fournie par la courbe barométrique, relevée au jour. Du reste, ces écarts entre les deux courbes de pression barométrique, au jour et au fond, sont si faibles qu'ils ne peuvent, dans le cas présent, exercer aucune influence. — C'est pour cela, qu'à partir du 29 Juillet 1885, on s'est borné à observer le baromètre placé à la surface. —

Enfin, on doit encore faire remarquer, relativement aux courbes représentées sur la planche B, que, pour l'évaluation des quantités de grisou qui se dégagent de la houille fraîchement découverte, les essais faits dans la veine Charles ont une bien plus grande valeur que ceux qui ont été faits sur l'air provenant du puits principal de sortie d'air; puisque, dans ce dernier, les gaz sortant des remblais ont évidemment joué un rôle important, ainsi qu'on l'a déjà expliqué page 8, tandis que dans la veine Charles, une semblable coopération doit être complétement écartée. Il est vrai cependant que les travaux courants et de préparation, tant au charbon qu'au rocher, quoique n'ayant aucune communication avec les vieux remblais, ont contribué également dans une proportion importante, à augmenter la quantité de gaz contenue dans l'air du puits principal d'aérage. Il fallut même, pendant la période des expériences, suspendre ces travaux courants et de préparation jusqu'à 3 fois différentes: dans la matinée du 9, dans la soirée du 15 et dans la nuit du 25 Juin, par suite de la haute teneur en gaz trouvée dans le puits d'air, et résultant de dégagements de grisou dangereux. La planche B indique les heures auxquelles la direction de la mine fut informée de cette suspension des travaux.

Veut-on maintenant comparer entre elles les 2 courbes de la pression atmosphérique et de la teneur en gaz, alors on trouve, comme résultat de cette comparaison, qu'il existe des rapports déterminés entre ces deux courbes, et que ces rapports peuvent se résumer dans les principes suivants:

1º La proportion de gaz contenu dans l'air de la mine diminue, en général, quand la pression atmosphérique augmente, et augmente quand celle-ci diminue.

2º Cette proportion augmente avec d'autant plus d'intensité, que la courbe des dépressions barométriques descend plus rapidement, et elle diminue d'autand plus vite, que cette même courbe remonte plus rapidement.

3º L'intensité des dégagements de gaz n'est pas liée, d'une manière absolue avec la hauteur barométrique.

4º Si, à la suite d'une ascension rapide de la courbe barométrique, celle-ci monte plus lentement, ou bien si, après avoir atteint son maximum, elle reste assez longtemps stationnaire, alors se produit une augmentation lente dans la proportion de gaz dégagé. Inversement, si, après une descente rapide du baromètre, cette descente se ralentit, ou bien, si la courbe barométrique se maintient quelque temps à la même hauteur, après avoir atteint son minimum; alors, on constate un commencement de diminution dans la quantité de gaz dégagé. Par suite, le maximum ou le minimum de la courbe barométrique ne correspondent pas toujours au minimum ou au maximum de la courbe de la teneur en gaz.

Compare-t-on, point par point, la courbe des dépressions barométriques et celle des teneurs en gaz, alors on voit que l'ascension rapide de la courbe barométrique, du 10 au 12 Juin, correspond à une baisse de la courbe du gaz; que l'ascension plus lente, entre le 12 et le 13, puis la baisse barométrique du 13 au 15 Juin, correspondent à une hausse de la courbe du gaz. La baisse indiquée par cette dernière courbe, du 15 au 18, correspond à la baisse lente du baromètre, qui a suivi sa chûte rapide du 15.

A la hausse rapide du 19, pour le baromètre, correspond une baisse tout aussi rapide de la courbe du grisou.

Le 20 et le 21, on fit des expériences ayant pour but de prouver directement l'accroissement des dégagements de grisou, par suite de la diminution de la pression atmosphérique. Ces expériences seront décrites plus loin dans tous leurs détails.

Pour la forte hauteur du baromètre, les 22 et 23, la proportion de gaz est faible; elle augmente dès le 24, aussitôt que la courbe barométrique montre une tendance à la baisse. A la hausse momentanée du baromètre, dans la nuit du 25 au 26, correspond une diminution de la teneur en gaz, et, au contraire, à la diminution de pression qui suit, correspond une augmentation de la proportion de grisou. A partir de ce point, la courbe barométrique monte jusqu'au 28, tandis que la teneur en gaz diminue. L'état de baisse exceptionnelle que présente la courbe du gaz, pour le 30 Juin et le 1ᵉʳ Juillet, trouve en partie son explication dans la hausse barométrique qui s'est dessinée dans la matinée du 30 Juin. Mais cependant, comme depuis cette époque, on n'a plus jamais trouvé, dans l'air du puits de sortie, un mélange d'une teneur en gaz à beaucoup près aussi faible que celle-là, on ne peut pas affirmer que la prise d'essai n'ait pas été entachée d'erreur. En fait, la teneur en gaz de l'air de la mine, pour le 30 Juin et le 1ᵉʳ Juillet, a dû être plus élevée. Aussi, par suite du doute qu'on a sur la valeur de cette prise d'essai, on ne doit tirer aucune conclusion sur le rapport qui peut exister entre la pression barométrique des 1 et 2 Juillet, et la forte proportion de gaz remarquée à la même époque. L'accroissement de la teneur en gaz, pour les 3 et 4 Juillet, correspond à la hausse lente de la courbe barométrique, qui a suivi la monte plus rapide des 1 et 2, et, peut-être aussi, à la baisse momentanée de la pression barométrique dans l'après-midi du 3.

Les 4 et 5 Juillet, on répéta les expériences qu'on avait déjà faites les 20 et 21 Juin.

La haute teneur en gaz constatée les 6 et 7 Juillet, dans le puits principal de sortie d'air, trouve son explication, en partie, dans la baisse barométrique du 6, mais en partie aussi, dans les expériences spéciales effectuées le 4 et le 5. Le 6, il fallait déjà que le ventilateur aspirât une partie des gaz qui s'étaient accumulés dans la mine pendant la durée des expériences. Lors des expériences des 20 et 21 Juin, la raréfaction de l'air, aussi bien que la quantité de gaz dégagé, pendant la durée de la fermeture du puits, furent si faibles, qu'il leur était impossible d'avoir une influence sur la composition des prises d'essai effectuées depuis le 22 jusqu'au 23 à midi.

La teneur en gaz diminue du 7 au 8, quand la courbe barométrique monte; elle augmente du 8 au 9, vraisemblablement par suite de la baisse rapide de la pression atmosphérique dans l'après-midi du 8; elle diminue, quand cette même pression se précipite vers un maximum, du 9 au 10; augmente, lorsque la pression baisse dans l'après-midi du 10, et se maintient de là jusqu'au 13, à peu près à la même hauteur, malgré la tendance à la baisse, que montre le baromètre.

Si la courbe des teneurs en grisou, relevée du 5 jusqu'au 12 Juillet, dans la veine Charles, paraît être en opposition, en certains points, avec la courbe correspondante tracée pour le puits principal de sortie d'air, comme par exemple, du 7 à midi jusqu'au 8 à midi, cette opposition n'est qu'apparente, parce qu'en effet, les prises d'essai d'une durée de 24 heures, faites dans le puits d'air, nous donnent l'image exacte de la composition moyenne de l'air de la mine, mais ne peuvent pas indiquer, aussi exactement que celles qui sont faites dans la veine Charles, l'influence que peuvent exercer les variations de la pression atmosphérique pour des périodes de temps aussi courtes. — Mais si l'on fait une moyenne, rapportée à une durée de 24 heures, de toutes les teneurs en gaz fournies par les diverses expériences faites dans la veine Charles, alors on obtient aussi, pour cette dernière couche, une courbe identique à celle du puits d'air, bien que non concordante. La différence, qui persiste entre les 2 courbes, s'explique en ce sens que, pour la veine Charles, les remblais ne peuvent jouer aucun rôle, tandis qu'ils exercent une influence importante quand il s'agit du puits principal de sortie d'air.

Veut-on maintenant comparer la courbe du gaz, pour la veine Charles, avec la courbe barométrique; on obtient de suite la confirmation des rapports précédemment énoncés, qui existent entre la pression atmosphérique et les dégagements de gaz dans la mine. A la courbe descendante de la pression atmosphérique, pour la journée du 6, correspond une courbe ascendante pour la teneur en gaz; à une ascension de la courbe barométrique, du 6 à 8 heures du soir jusqu'au 7 à 6 heures du matin, correspond une baisse de la courbe du gaz; le 7, de 6 heures du matin jusqu'à midi, le baromètre remonte et la teneur en gaz diminue; à la baisse suivante du baromètre, correspond de nouveau une ascension de la courbe du gaz; à une remonte du baromètre, jusqu'au 8 à midi, correspond une forte diminution dans la teneur en gaz; enfin, par suite de la baisse rapide du baromètre, dans l'après-midi du 8, on constate une ascension rapide de la courbe du gaz. A partir de là, le gaz continue à diminuer pendant que le baromètre monte lentement. L'augmentation dans la teneur en gaz, constatée le 9 à partir de 6 heures du soir, jusqu'au 10 à 6 heures du matin, ne correspond pas aux indications fournies par la courbe barométrique; il faudrait admettre, dans ce cas, que cette augmentation aurait été occasionnée par les diminutions momentanées de la pression atmosphérique que l'on constate le 9, entre 2 et 4 heures de relevée, et le 10, de minuit à 2 heures du matin.

La haute proportion de gaz remarquée le 10, de 6 heures du matin à 2 heures de l'après-midi, doit être, sans aucun doute, attribuée à la baisse rapide du baromètre, de midi à 2 heures de relevée. La courbe barométrique, après avoir atteint son minimum vers 4 heures après-midi, se continue jusqu'à 8 heures avec une tendance régulière à la hausse, et par suite, la teneur en gaz diminue. A la baisse barométrique qui suit, correspond une augmentation dans la proportion de grisou, et quand, dans les premières heures de la journée du 11, le baromètre monte de nouveau, la courbe du gaz baisse. De 6 heures du matin à 8 heures du soir, la courbe barométrique se précipite vers un minimum, et par suite, la teneur en gaz s'élève. Après ce minimum, le baromètre montre une tendance régulière à la hausse; par suite, diminution dans la quantité de gaz dégagé. A la diminution rapide de la pression atmosphérique dans l'après-midi du 12, correspond une hausse tout aussi rapide de la courbe du gaz.

La marche des courbes, en général, se poursuit en suivant les mêmes lois; il faut cependant faire remarquer que les percements effectués dans le mois d'Août, (qu'on a déjà mentionnés page 12), et les nouvelles conditions qui en résultaient pour l'aérage de la mine, se sont traduits par des oscillations importantes et irrégulières de la courbe du gaz.

En ce qui concerne les essais de la veine Charles, les oscillations remarquées peuvent avoir été occasionnées en partie par ce fait que, dans le courant du mois d'Août, on a traversé deux rejets qui ont laissé dégager des quantités importantes de grisou.

Par suite, les courbes des premières semaines du mois d'Août sont moins favorables à la solution de la question qui nous occupe.

Ce n'est que dans la dernière semaine d'Août, après qu'on eût effectué le changement indiqué page 8 dans l'aérage de la veine Charles, que la marche des courbes du gaz paraît ne plus subir de perturbation.

III.

EXPÉRIENCES EN VUE DE CONFIRMER, A L'AIDE D'UNE DÉPRESSION ARTIFICIELLE PRODUITE SUR L'AIR DE LA MINE, LES RÉSULTATS PRÉCÉDEMMENT OBTENUS.

Si les expériences ont établi, qu'en général, une diminution dans la pression atmosphérique correspond à une augmentation dans la proportion de gaz dégagé, cette augmentation doit aussi se produire si l'on provoque, dans la mine, une raréfaction artificielle de l'air, et si l'on compare la quantité de gaz dégagé pendant toute la durée de cette dépression artificielle, avec celle qui se dégage en marche normale. Prouver que les dégagements de grisou augmentent dans la mine, quand on y provoque une dépression artificielle, c'est en même temps établir, d'une manière incontestable, les rapports qui existent entre la pression atmosphérique et les dégagements de gaz dans les mines. Afin d'obtenir cette preuve, on ferma le puits d'entrée d'air, tout en maintenant le ventilateur dans sa marche normale, et l'on fit, tant sur l'air du puits d'air que sur celui de la veine Charles, des prises d'essai moyennes, de la même manière que celle qui a été décrite précédemment. Cependant, comme il fallait tenir compte que le courant d'air traversant la mine serait beaucoup plus faible que si le puits restait ouvert, et que, par suite, la proportion de gaz contenu dans l'air de la mine, et traduit en volume pour cent, représenterait faussement la quantité de gaz réellement dégagé pendant le même temps, alors on constata, à l'aide d'un anémomètre, aussi bien dans le puits de sortie d'air que dans la veine Charles, quel était le volume d'air qui passait, avant et pendant l'expérience, aux endroits mêmes où les prises d'essai étaient effectuées. D'après les quantités d'air trouvées, et d'après la proportion de grisou contenu dans l'air des prises d'essai, on calcula ensuite combien de mètres cubes de gaz s'étaient dégagés, par minute, avant et pendant l'expérience.

La première expérience, faite de cette manière, dura depuis le 20 Juin, 1^H $15'$ de relevée, jusqu'au 21 à 4^H $20'$ de l'après-midi, soit 27^H $5'$. Le champ consacré aux expériences était, comme lors des expériences principales, la partie de la mine ventilée par le puits principal d'aérage. La partie alimentée par l'air du compartiment des pompes du puits d'épuisement Gabrielle était complètement isolée, à l'aide de cloisons hermétiquement étanches, et ventilée comme à l'ordinaire. Le compartiment du puits d'extraction Gabrielle, par lequel se fait l'entrée de l'air qui est appelé par le plus fort ventilateur, fut rendu également étanche à l'air, de la manière suivante:

3

on tassa de l'argile sur un fort plancher placé dans ce puits, et aussi longtemps que cela était nécessaire pour qu'il ne soit plus possible de saisir le moindre petit sifflement d'air. Pendant la durée de l'expérience, on maintint l'étanchéité, à l'aide d'argile, chaque fois que la fermeture paraissait ne plus être entièrement hermétique.

Le nombre de tours du ventilateur était, comme d'habitude, de 80 par minute. Pour maintenir ce nombre de tours, on fut obligé d'employer la vapeur à un degré de pression sensiblement plus élevé que dans le cas de la marche normale.

La courbe tracée sur la planche C, et qui représente les résultats de cette expérience, montre que, dès le commencement de l'épreuve, la pression barométrique, dans la mine, s'abaissa tout d'abord d'une quantité représentée par 2.5 mm de colonne mercurielle; puis, pendant toute la durée de l'épreuve, marcha parallèlement avec la pression atmosphérique à l'air libre, et remonta subitement de 2 mm dès que le puits fut ouvert. Le dégagement de grisou qui était, avant l'expérience, de 20.12 m^3 par minute dans le puits d'air, monta à 36.85 m^3 pendant l'épreuve; soit une augmentation de 83 $\%$ environ; et dans la veine Charles, de 4.13 m^3 à la minute avant l'expérience, il monta à 5.83 m^3 pendant l'épreuve; soit 40 $\%$ en plus. Dans une seconde expérience, conduite exactement de la même façon, la courbe du barographe s'abaissa de 2 mm, aussitôt après la fermeture du puits; ensuite, comme la première fois, marcha parallèlement avec la courbe de la pression barométrique à la surface,

et remonta tout d'un coup de 1.5 mm, aussitôt que le puits fut réouvert. La teneur en gaz qui, avant l'expérience, était de 20.45 m^3 par minute, dans le puits principal d'aérage, monta pendant l'épreuve jusqu'à 30.55 m³, soit de 50 $\%$ enviyron; tandis que dans la veine Charles, cette même teneur monta de 5.33 m^3 à 6.44 m^3 par minute; soit de 20 $\%$. — Si, aussitôt après la réouverture du puits, la pression barométrique n'atteint par de suite sa hauteur normale, cela s'explique en ce sens que la raréfaction de l'air de la mine provoque une rentrée violente de l'air frais, et que la pression qui en résulte ne peut disparaître que lorsque, à la place de l'air anormalement raréfié, on ne trouve plus que de l'air qui a repris sa densité normale.

On pourrait objecter, en vue des résultats fournis par ces deux expériences, que, si une diminution de 2.5 mm, et même de 2 mm dans la pression atmosphérique peut occasionner un accroissement aussi important des dégagements de grisou, cet accroissement devrait être tout aussi sensible dans la pratique, pour une baisse égale du baromètre, mais que cependant ce fait n'a jamais été observé jusqu'à présent. En réponse à cette objection, on peut faire remarquer que, lors de l'expérience, le baromètre subit cette baisse de 2.5 mm dans un laps de temps de 5 minutes à peine, tandis que dans le cas des variations naturelles de la pression barométrique, et même avec une baisse très-rapide, une descente de 2.5 mm, et les effets qui en sont la suite, ne se manifestent que dans un intervalle d'au moins deux heures.

Partant de cette considération, que l'augmentation du dégagement des gaz devait être plus forte, si l'on parvenait à déterminer, dans la mine, une dépression plus élevée, et parce que, d'un autre côté, il paraissait hors de doute qu'une partie de l'air qui traversait la mine, pendant la durée des deux premières expériences, avait dû provenir du circuit établi par le compartiment des pompes du puits Gabrielle; on ferma, par des planchers hermétiquement étanches, les 2 corpartiments d'entrée et de sortie d'air de ce même puits. On obtint de la sorte, dans la mine, une dépression plus grande, mesurée par 4 *mm* de mercure; mais on remarqua en outre que, 7 heures environ après le commencement de l'expérience, le ventilateur n'aspirait plus d'air de la mine, bien que la dépression manométrique, dans l'ouïe du ventilateur, se maintint à sa hauteur habituelle de 60 *mm* d'eau. Lorsqu'on rouvrit les 2 compartiments du puits, alors, par suite de la violence avec laquelle l'air plus lourd de l'extérieur se précipita dans tous les vides de la mine, qui n'étaient plus remplis que par un air très-raréfié, cette même dépression manométrique tomba à 50 *mm*, et ce ne fut qu'au bout de 3 heures et demie qu'elle reprit sa hauteur normale. Cependant, par suite de cette circonstance qu'on trouva, dans l'air du puits principal de sortie, 6·45 % de gaz pendant l'expérience, 10 % pendant les deux premières heures qui l'ont suivie, et 5·8 % pour les deux heures suivantes, on peut conclure que les dégagements de grisou ont dû être très-violents pendant cette épreuve. La même conclusion résulte des constatations faites pour la veine Charles; là en effet, d'après les observations de l'anémomètre, et d'après la teneur en gaz de la prise d'essai faite sur l'air de cette veine, on a reconnu qu'il s'était dégagé 9·09 *m³* de gaz par minute, au lieu de 3·89 *m³* avant l'expérience; c'était donc un accroissement d'environ 135 %. On doit, en outre, faire encore observer que, même avant l'instant où l'action du ventilateur a cessé de se faire sentir, le mouvement de l'air dans la mine devait vraisemblablement être déjà trop faible, pour pouvoir mettre l'anémomètre en mouvement. Par suite, la quantité de grisou réellement dégagé doit être encore plus grande que celle qui est indiquée.

Le 19 Juillet 1885, on fit de nouveau 3 expériences de dépressions artificielles dans la mine. On se contenta, cette fois, d'opérer sur la partie aérée par le puits principal d'aérage, et la durée de chaque épreuve fut fixée à 2 heures. Ici également, la quantité d'air qui traversait la mine fut si faible, que l'anémomètre placé dans la veine Charles ne tourna pas, et que par suite, il fut de nouveau impossible de traduire par des chiffres la quantité de gaz qui s'était dégagé pendant l'expérience. Cette quantité de gaz doit cependant avoir été forte, puisque ce n'est qu'une heure après l'épreuve qu'il fut possible de parcourir la voie de fond de la veine Charles, tellement la teneur en gaz de l'air de la mine était élevée. Les dépressions obtenues dans ces 3 épreuves furent de 2 *mm* pour la première, et de 2 à 4 *mm* pour les épreuves 2 et 3; pour ces dernières, on avait rendu la fermeture d'une porte d'aérage plus étanche.

3*

Si l'on a constaté et communiqué ici la composition des mélanges gazeux qui, pendant les expériences, sortaient du puits principal d'aérage, alors que le puits d'entrée d'air était fermé; c'est moins pour la valeur de ces résultats qu'afin de les donner complets. Naturellement, si le puits d'entrée d'air est fermé, le ventilateur aspire en haute proportion les gaz accumulés dans les remblais et vieux travaux, et par suite, les prises d'essai faites dans le puits principal d'aérage, n'ont de valeur que pour établir les rapports qui existent entre la pression barométrique et la sortie du gaz provenant des vieux remblais, rapports qui sont déjà suffisamment connus, et dont l'établissement n'était pas le but du présent travail. — Au contraire, les résultats obtenus pour la veine Charles, doivent être considérés comme étant d'une certitude incontestable; car, d'après les recherches qui ont été faites, l'air, avant son entrée dans la veine Charles, comme aussi avant la fermeture du puits d'entrée, était pur ou n'était souillé de grisou que dans une proportion tout-à-fait insignifiante.

IV.

ETAT DE LA HAUTEUR BAROMÉTRIQUE PENDANT LES DERNIÈRES EXPLOSIONS DE GRISOU.

Puisque les grandes explosions peuvent être regardées, en général, comme se produisant dans des moments de forts dégagements de grisou; il est intéressant de se demander si les conditions de dépression barométrique, sous lesquelles les grandes catastrophes de ces derniers temps sont survenues, confirment les rapports qu'on vient d'établir entre la pression atmosphérique et les dégagements de gaz dans les mines.

De l'étude des courbes barométriques (planche D) qui ont été construites d'après les cartes isobares fournies par l'observatoire central et impérial de météorologie, il résulte ce qui suit:

1º. Polnisch-Ostrau, 8 Octobre 1884. — Pendant 3 jours, le baromètre reste élevé; la catastrophe survient au moment de la baisse. (11 *mm* en 48 heures)

2º Karwin, 6 Mars 1885. — Pendant 5 jours, la pression reste élevée, quoique un peu variable; l'explosion se produit le second jour de la baisse. (16 *mm* en 3 jours.) Durant ces jours de forte baisse barométrique, on remarqua aussi un dégagement de grisou d'une violence inaccoutumée dans les exploitations du puits Gabrielle, de la mine archiducale, laquelle est contigue au puits Johann, théâtre de la catastrophe.

3ᵃ Saarbrück, 18 Mars 1885. — Après 7 jours d'un état barométrique élevé et variable, l'explosion se produit le second jour d'une baisse rapide (environ 13 *mm*).

4ᵃ Clifton-Hall, 18 Juin 1885. — Pendant 8 jours, pression atmosphérique élevée et diminuant très-lentement. L'explosion survient au début de la baisse rapide du baromètre.

5ᵃ Dans la catastrophe de Dombrau, survenue le 27 Mars 1885, le grisou, de l'avis unanime des experts désignés par la justice, n'a joué qu'un rôle tout-à-fait secondaire; les poussières charbonneuses sont la cause principale de cette explosion.

Si les relations existant entre la pression atmosphérique et les dégagements de grisou ne ressortent pas clairement de cet accident, il n'y a cependant rien qui les contredise. La catastrophe se produit, après 4 jours d'une pression barométrique modérément élevée, au moment d'une baisse de 2·5 *mm* seulement dans une journée.

6ᵃ Szekul dans le Banat, 29 Octobre 1885. — Entre le 24 et le 30 Octobre, on constate une baisse barométrique de 14 *mm* en 24 heures; l'explosion se produit avant que la pression atmosphérique ait atteint son minimum.

L'examen des mêmes courbes confirme aussi l'assertion précédemment avancée: que les dégagements de gaz ne dépendent pas d'une manière absolue de la hausse ou de la baisse de la pression atmosphérique. — Dans les explosions de grisou qu'on vient de passer en revue, malgré la baisse rapide constatée dans 5 cas, il n'y a qu'à Karwin et dans le Banat où le baromètre était absolument bas; dans les autres cas, au contraire, il se trouvait dans le voisinage de la hauteur normale de 760 *mm*, et même, en partie, un peu plus haut (voir planche D).—

V.

REMARQUES SUR L'APPLICATION DES RÉSULTATS TROUVÉS.

Afin d'utiliser les résultats trouvés, la Direction archiducale de Teschen a pris les décisions suivantes:

1ᵃ La station d'observations météorologiques provisoirement installée à Karwin, demeure définitivement constituée.

2ᵃ Cette station météorologique a pour mission:

a) d'observer régulièrement la hauteur barométrique et de dresser une courbe avec le résultat de ses observations;

b) de déterminer, par l'étude des cartes

isobares et des pressions atmosphériques envoyées chaque jour, télégraphiquement, par l'observatoire central et impérial de météorologie, si l'ensemble de ces isobares indique l'approche d'une dépression barométrique, et si cette dépression sera forte ou faible;

c) de porter immédiatement à la connaissance du directeur du puits Gabrielle de la mine archiducale, à Karwin, l'approche d'une dépression barométrique.

3º Le directeur du puits Gabrielle, sous les ordres duquel est placée la station météorologique, doit, à l'approche d'une dépression barométrique succédant à une période de hausse, ou bien à l'approche d'une baisse intense et rapide, interdire tout d'abord le tirage des coups de mines dans les travaux de préparation, tant au charbon qu'au rocher; faire connaître l'imminence du danger à tout le personnel surveillant, et s'il y a lieu, suspendre les travaux dangereux.

APPENDICE.

Pendant que la présente brochure était soumise à l'impression, parût dans la »Zeitschrift für das Berg-, Hütten- und Salinenwesen« publiée en Prusse, XXXIVème volume, 1ère livraison, page 72—90, le rapport que Mr C. Hilt d'Aix-la-Chapelle, fut chargé par la commission prussienne du grisou de faire sur les expériences ayant pour but d'étudier l'influence des variations de la pression atmosphérique sur les dégagements de gaz dans les mines.

D'après ce rapport les expériences faites à Aix-la-Chapelle, confirment d'une manière brillante les résultats obtenus à Karwin.

Par suite, la Direction-Générale des mines archiducales, à Teschen, considère la question pendante, pour tout ce qui a fait l'objet des recherches exécutées à Karwin, comme résolue, et renonce à tout autres publications ultérieures à ce sujet.

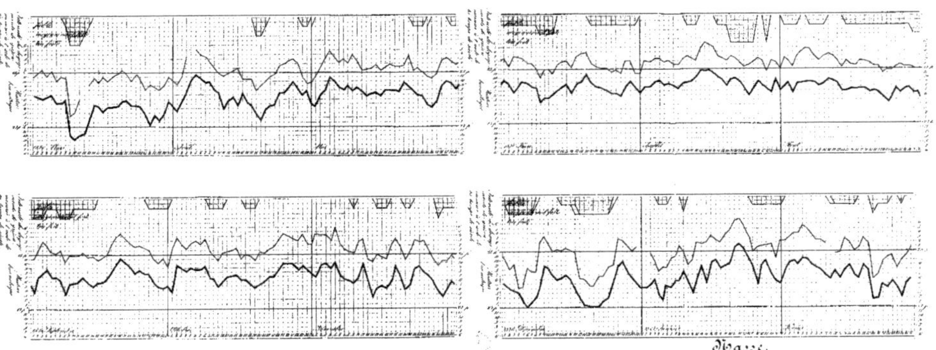
Masse.
Zeitschrift für Berg-Hütten und Salinenwesen en Prusse (année 1877).

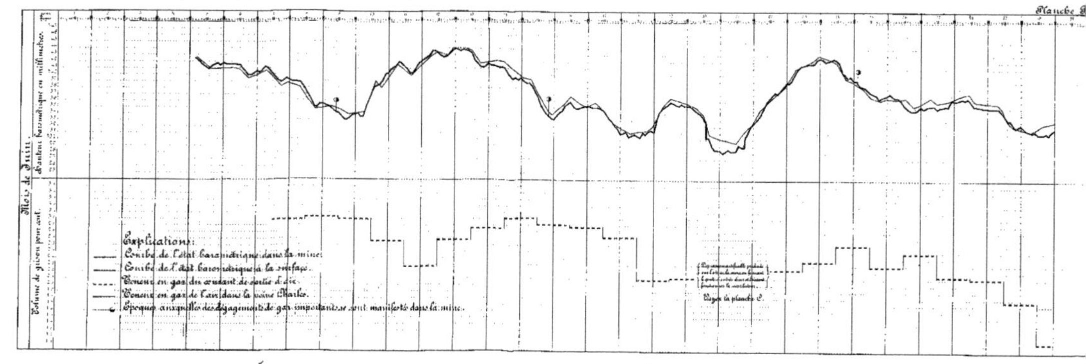

Planche
Mois de Juin.
Hauteur barométrique en millimètres.
Volume de gaz pour cent.
Explications:
Courbe de l'état barométrique dans la mine.
Courbe de l'état barométrique à la surface.
Teneur en gaz du courant de sortie d'air.
Teneur en gaz de l'air dans la voie Charles.
Époque auxquelles des dégagements de gaz importants se sont manifestés dans la mine.
Voyez la planche C.

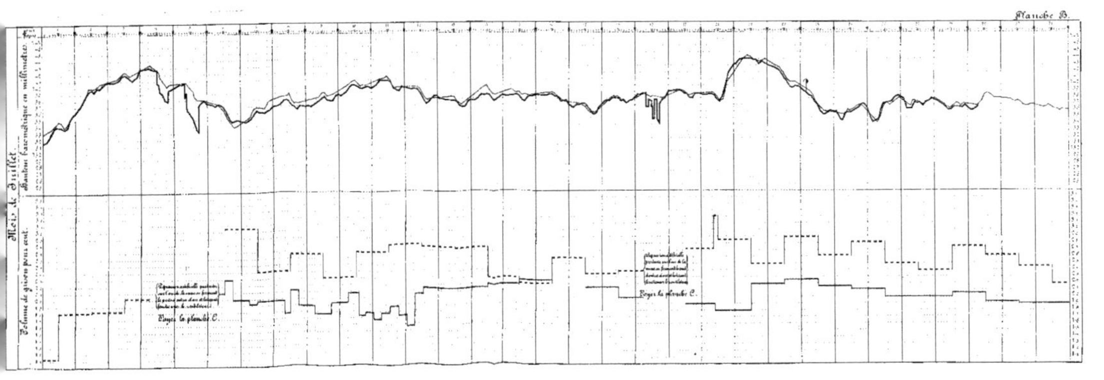

Planche B.
Mois de Juillet.
Hauteur barométrique en millimètres.
Colonne de givre pour cent.
Voyez la planche C.
Voyez la planche C.

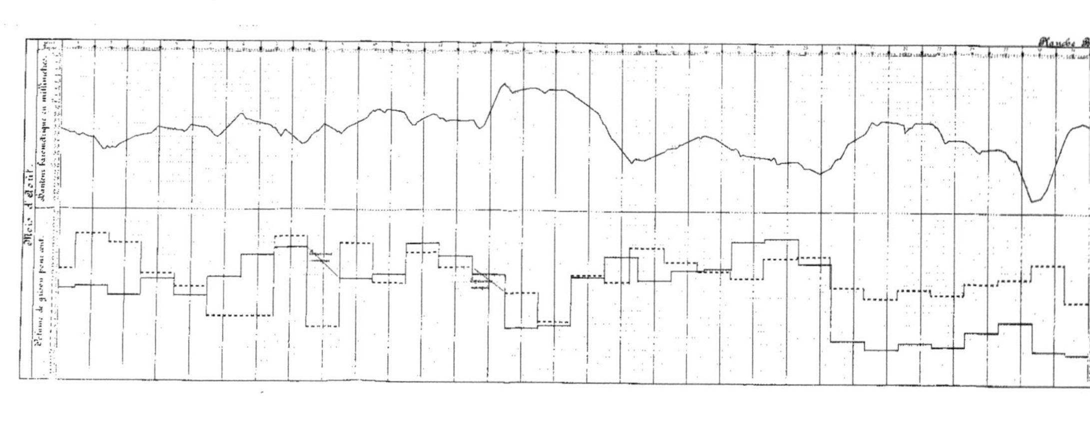
Planche B
Mois d'Août.
Hauteur barométrique en millimètres.
Volume de gazeu pour cent.

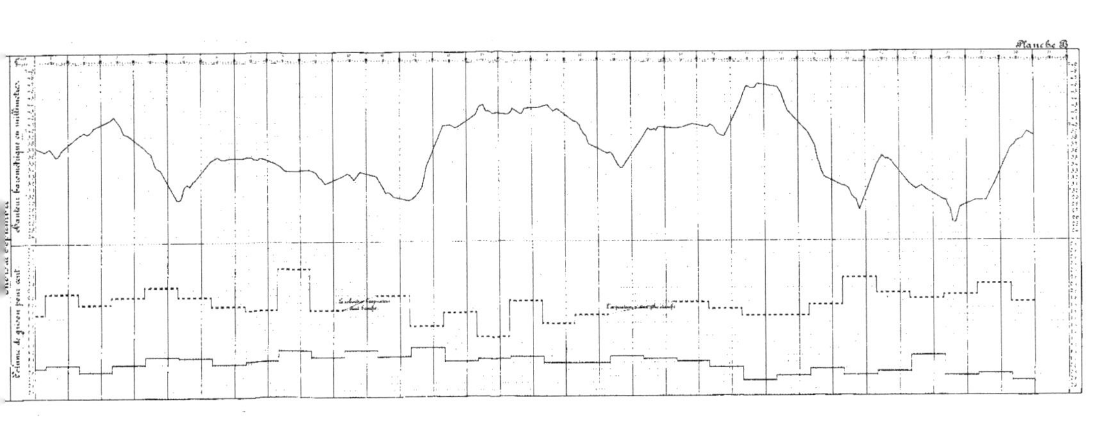

Planche B
Hauteur barométrique en millimètres.
Volume de gaz en pour cent.

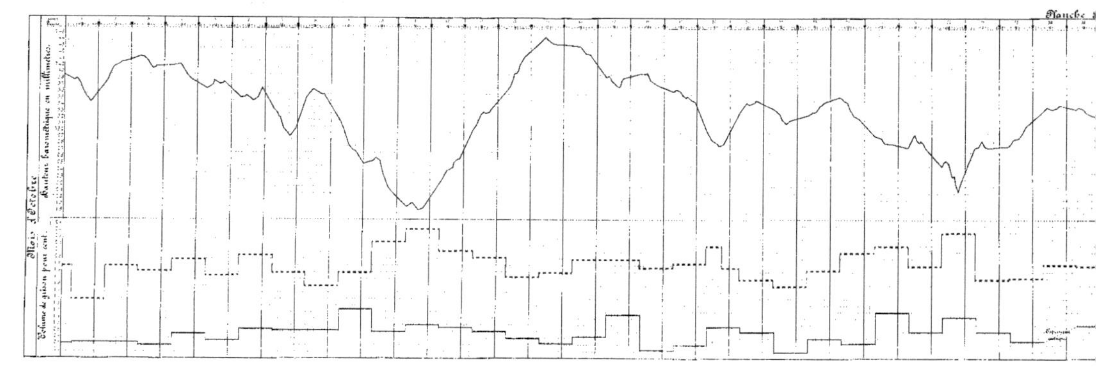
Mois d'Octobre
Hauteur barométrique en millimètres.
Volume de pluie pour cent.

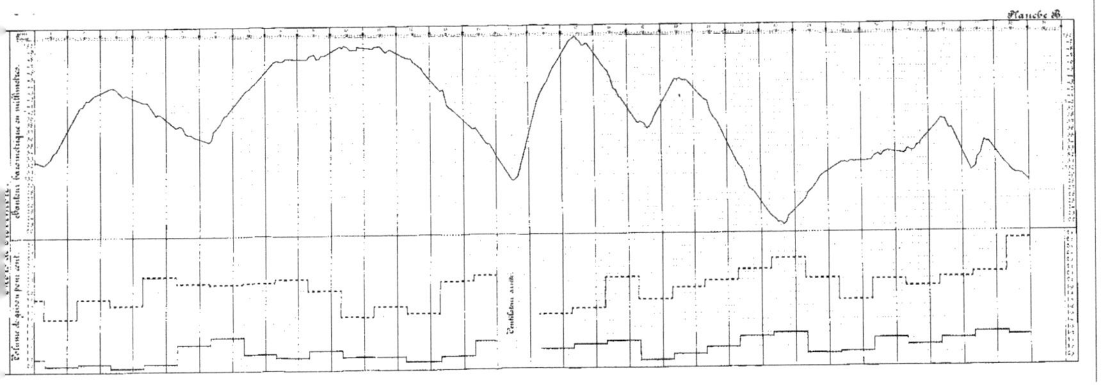

Planche B.
Échelle de différence.
Hauteur barométrique en millimètres.
Colonne de quinze pour cent.
Pendule astr.

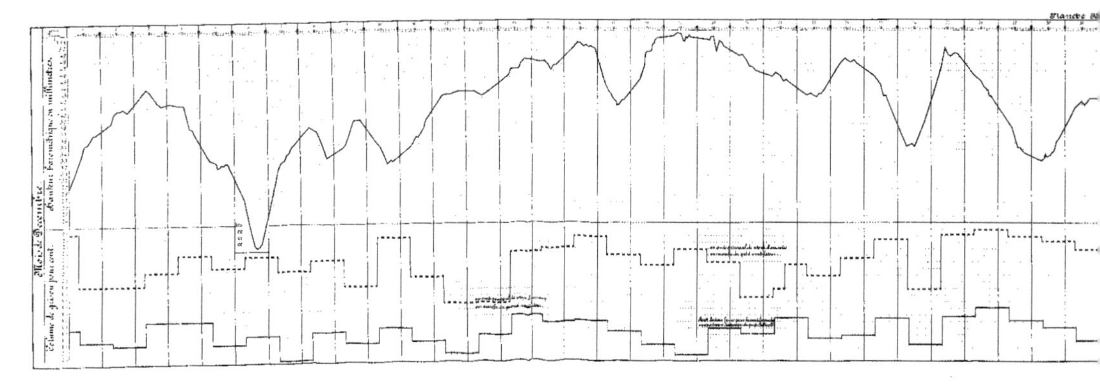

Planche 30.
Mois de Décembre.
Hauteur barométrique en millimètres.
Colonne de glace pour cent.

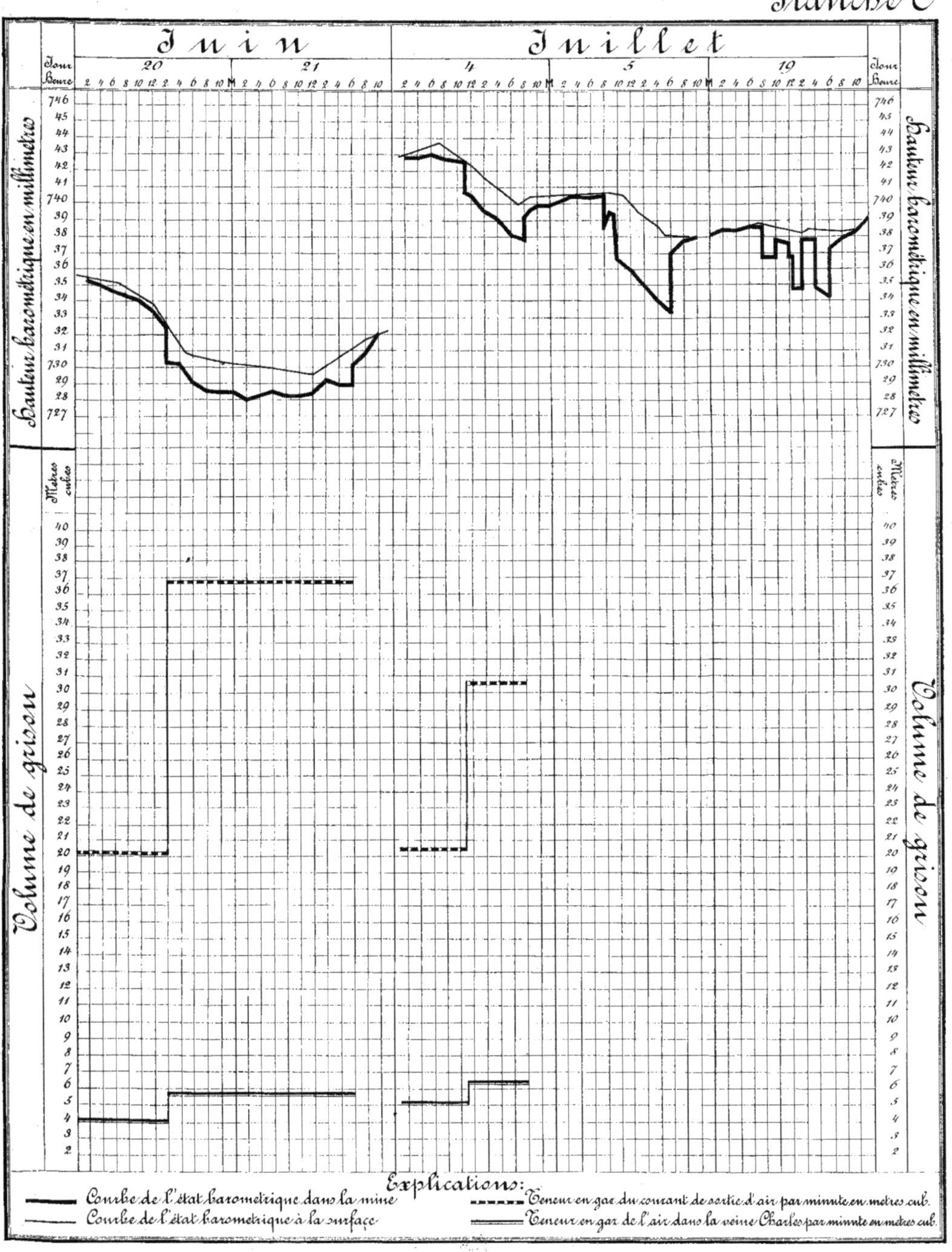

Planche C
Juin
Juillet
20
21
4
5
19
Jour
Heure
Hauteur barométrique en millimètres
746 45 44 43 42 41 740 39 38 37 36 35 34 33 32 31 730 29 28 727
Mètres cubes
Volume de grisou
Explications:
Courbe de l'état barométrique dans la mine
Courbe de l'état barométrique à la surface
Teneur en gaz du courant de sortie d'air par minute en mètres cub.
Teneur en gaz de l'air dans la veine Charles par minute en mètres cub.

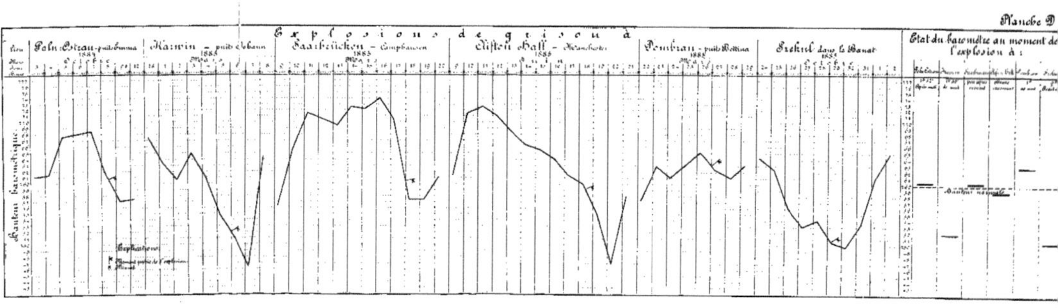
Explosions de grisou à
Etat du baromètre au moment de l'explosion à :
Hauteur barométrique
Polni Ostrau – puits Johanna – 1887
Karwin – puits Hohmann
Saarbrücken – Camphausen – 1885
Clifton Hall – Manchester – 1885
Pembran – puits Bettina – 1885
Szekul dans le Banat – 1885
Explosions

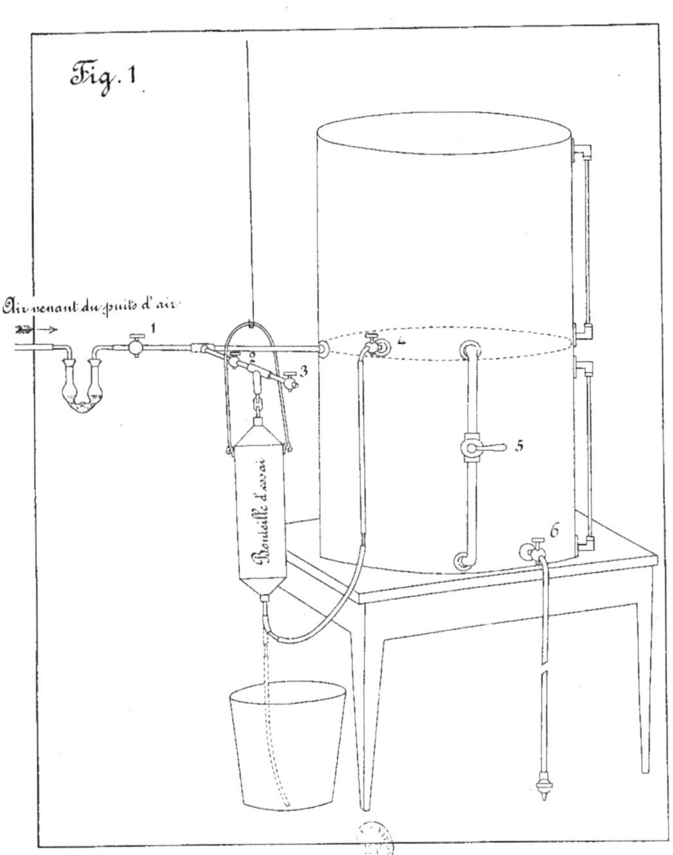

Fig. 1
Air venant du puits d'air
1
2
3
Bouteille d'essai
4
5
6

Marche du courant d'air dans la veine Charles
Planche 8
Avant le 24 Août 1883.
I.
Après le 24 Août 1883.
II.
Puits Gabrielle
Puits Gabrielle
N° 1.
Extraction
et compartiment
pour les échelles.
N° 2.
Épuisement
et
airage.
Explications
M. Communication incliné à travers banc
Échelle 1:2000

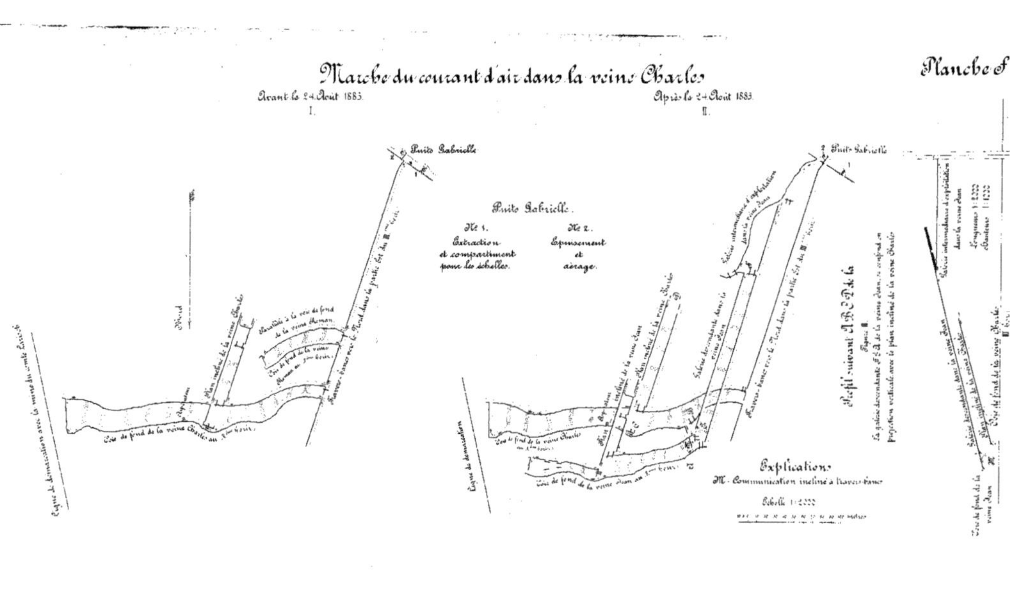